Bibliographic information published by the German National Library:

The German National Library lists this publication in the National Bibliography; detailed bibliographic data are available on the Internet at http://dnb.dnb.de .

Imprint:

Print and binding: Books on Demand GmbH, Norderstedt Germany
ISBN: 978-3-668-02005-4

This book at GRIN:

http://www.grin.com/es/e-book/303352/redes-de-calefaccion-urbana-y-cogeneracion-revision-sobre-la-utilizacion

Enrique Rosales Asensio

Redes de calefacción urbana y cogeneración. Revisión sobre la utilización actual y perspectivas de evolución en la UE-28

GRIN Publishing

Redes de calefacción urbana y cogeneración: Revisión sobre la utilización actual y perspectivas de evolución en la UE-28

Resumen

En esta revisión se presentará una visión general del porqué la calefacción urbana de baja temperatura es una tecnología atractiva para Europa, desvelándose para ello las potenciales pérdidas energéticas en las que incurren las centrales eléctricas sitas en la Unión Europea; se expondrá que buena parte de las mismas podrían sustituirse progresivamente por plantas cogeneradoras (que intrínsecamente proporcionan calor con una considerable reducción de las emisiones a la vez de ser ventajosas desde una perspectiva económica).

Se discutirá la visión danesa en cuanto a redes de calefacción urbana se refiere, evaluándose cuánto de la misma puede aplicarse al resto de Europa. La visión danesa considera a las redes de calefacción urbana como un compañero técnico capital para conseguir elevadas penetraciones de energía eólica (las centrales eléctricas de cogeneración son capaces de absorber elevados excedentes de energía eólica y almacenarlos en forma de calor, pudiendo éste ser entregado a los consumidores sin la necesidad de llevar a cabo inversiones en la modernización de la red eléctrica).

Índice de contenidos

Tabla de ilustraciones

Introducción

En una red de calefacción urbana son una o más fuentes de calor las que proporcionan el agua caliente a transportar a los usuarios a través de tuberías de agua (EUROHEAT & POWER, 2011). Si el calor residual procede de una central eléctrica, se utiliza el término "Cogeneración". Realmente, toda central eléctrica convencional es una planta cogeneradora debido a que la segunda ley de la termodinámica indica que si se desea generar energía a través de calor, algo del mismo debe ser emitido al ambiente (DINCER et AL, 2010).

Aunque las centrales eléctricas que sólo producen electricidad emiten calor a una temperatura muy baja como para poder ser utilizado en aplicaciones de calefacción, la cogeneración permite que la temperatura del calor residual pueda elevarse hasta unos niveles útiles (BASEL et AL, 2009). En grandes centrales eléctricas esto se consigue mediante la extracción de una determinada cantidad de vapor de la turbina a una temperatura superior que la que normalmente tiene cuando está operando en modo sólo electricidad (ICF INTERNATIONAL, 2008). A pesar de que este modo de actuar merma la producción eléctrica, el consumo de combustible permanece constante. Esto significa que un pequeño sacrificio de electricidad posibilita la producción de una cantidad de calor utilizable mucho mayor (ELSAKET, 2007).

Normalmente al emplear el método de la cogeneración y sacrificar una unidad de electricidad es posible obtener 9 veces esa energía en forma de calor (por el contrario, al utilizar una bomba de calor solo sería posible multiplicar esa cantidad por 3) (LOWE, 2011). Por otro lado es preciso indicar que la cogeneración no genera ningún tipo de ahorro energético en el sector eléctrico, llevándose a cabo todo el ahorro en el sector de la calefacción (JONG, 2004).

1. Directivas Comunitarias y eficiencia energética

1.1 Método danés

En este apartado se presentará el método danés (DYRELUND, 2011) para analizar cuánto combustible es necesario para producir calor. En (Tabla 1) se muestra una estimación simple de cuánto combustible se necesita para producir calor a partir de electricidad, calderas, bombas de calor y plantas de cogeneración. A partir de los resultados que están resaltados en rojo se puede concluir que si se compara una planta cogeneradora basada en un ciclo combinado a turbina de gas con una caldera de gas, se puede observar que para generar cada unidad de calor, la unidad cogeneradora utiliza 0.27 unidades de energía mientras que la caldera necesita 1.11 unidades (un factor 4 veces superior). Por su parte, la bomba de calor emplea 0.66 unidades (un factor 2.44 veces superior) y la calefacción eléctrica 1.98 (un factor 5 veces superior). Por lo tanto, se puede concluir que el calor procedente de una planta cogeneradora es una fuente energética con unas bajas necesidades energéticas y unas muy bajas emisiones contaminantes.

La asunción que se hace en (Tabla 1) es que cuando la central empieza a operar como planta cogeneradora y cae su producción eléctrica , otra planta de condensación (que no esté operando a su potencia de salida máxima) en el sistema será la encargada de aumentar su potencia de salida con el objeto de compensar dicho cambio, produciéndose por tanto una modificación del consumo de combustible (éste se le asignará al calor producido por la planta cogeneradora, debido a que es el único incremento en el sistema en cuanto a consumo de combustible se refiere) (FAHLEN ET AL, 2010).

Debido a que por definición las centrales eléctricas marginales son las que marcan el precio en cada hora para todas las tecnologías (CORTES GENERALES, 2006) y a que en este caso siempre estarán operando cerca a su máxima potencia de salida, queda claro que (en su conjunto) el combustible utilizado para generar electricidad permanecerá constante (UNEP, 2006) y a una eficiencia constante (UCHE, 2000).

Este método de mostrar la eficiencia energética de la cogeneración da información del ahorro de una forma directa. El método normal (que consiste en comparar el ahorro de energía primaria tal y como se describe en la sección siguiente) también podría ser utilizado. En principio el método danés es más adecuado para realizar un planeamiento energético detallado en el cual se necesite conocer los cambios marginales en el sistema para los diferentes escenarios energéticos, de tal manera que pueda determinarse la solución óptima fácilmente.

CASOS		**1**	**2**	**3**	**4**	**5**	**6**	**7**
		Antigua central térmica de carbón con turbinas de extracción	**Antigua central térmica de carbón con turbinas de contrapresión**	**Moderna central térmica de carbón con turbinas de contrapresión**	**Central de Ciclo Combinado de gas natural con turbinas de extracción**	**Central de Ciclo Combinado de gas natural con turbinas de contrapresión**	**Motor a gas**	**Motor a gas pequeño**
Planta de condensación de referencia		Carbón antigua	Carbón moderna	Carbón moderna	Gas moderna	Gas moderna	Gas moderna	Gas moderna
Calor procedente de la cogeneración	Eficiencia de la planta	53%	53%	50%	41%	45%	52%	55%
Electricidad procedente de la cogeneración	Eficiencia de la planta	32%	32%	39%	49%	45%	38%	35%
Total	Eficiencia de la planta	85%	85%	89%	90%	90%	90%	90%
Relación entre electricidad y calor		0.60	0.60	0.78	1.20	1.00	0.73	0.64
Eficiencia de referencia para el calor		90%	90%	90%	90%	90%	90%	90%
Eficiencia de referencia para la electricidad		40%	46%	46%	55%	55%	55%	55%
Pérdidas marginales estimadas asignables a la central eléctrica		0%	0%	0%	0%	2%	4%	6%
Extracción del poder calorífico		15%		14%	15%			
Ahorro de combustible, Directiva de Eficiencia Energética de la UE (año 2011)		28%	22%	29%	26%	25%	23%	22%
CONSUMO DE COMBUSTIBLE MARGINAL PARA LA PRODUCCIÓN DE CALOR POR PARTE DE LA CENTRAL ELÉCTRICA								
Calor procedente de turbinas de extracción (en MWh de combustible/MWh de calor)		0.38		0.30	0.27			
Calor procedente de turbinas de contrapresión (en MWh de combustible/MWh de calor)		0.38	0.57	0.30	0.27	0.37	0.54	0.59
Calderas de sólo calefacción (en MWh de combustible/MWh de calor)		1.11	1.11	1.11	1.11	1.11	1.11	1.11
BOMBAS DE CALOR								
Coeficiente de Rendimiento Bomba de Calor		300%	300%	300%	300%	300%	300%	300%
Eficiencia marginal para las bombas de combustible		110%	127%	127%	152%	152%	152%	152%
Consumo de combustible marginal para la bomba de calor		0.91	0.79	0.79	0.66	0.66	0.66	0.66
(Consumo de combustible, Cogeneración)/(consumo de combustible, calefacción eléctrica)		0.42	0.73	0.39	0.40	0.56	0.82	0.89
CALEFACCIÓN ELÉCTRICA								
Eficiencia marginal para la calefacción eléctrica		37%	42%	42%	51%	51%	51%	51%
Consumo de combustible marginal para la calefacción eléctrica		2.72	2.36	2.36	1.98	1.98	.98	1.98
(Consumo de combustible, Cogeneración)/(consumo de combustible, calefacción eléctrica)		0.14	0.24	0.13	0.13	0.19	0.27	0.30

Tabla 1. Método danés para comparar el combustible o energía consumida por unidad de calor entregada a la planta cogeneradora y otras formas de calefacción (DYRELUND, 2011)

1.2 Método general para calcular el ahorro energético debido a la cogeneración

En (Ilustración 1)se puede apreciar a través de un ejemplo (ENERGY SOLUTIONS CENTER, INC., 2010) el método general para indicar el potencial ahorro de energía debido a la utilización de la cogeneración (este ejemplo es hasta cierto punto poco realista debido a que considera que la nueva planta cogeneradora tiene una eficiencia eléctrica ligeramente superior a la planta de condensación antigua con la que se está comparando y que no existen pérdidas en la red de transporte debido a que la nueva planta cogeneradora se encuentra localizada cerca de los consumidores de electricidad y calor). Sin embargo, éste es un método excelente (a la vez de sencillo) para especificar el rendimiento requerido de las plantas cogeneradoras a nivel europeo.

Los dos primeros diagramas de color azul de (Ilustración 1) muestran la energía primaria entrando desde la izquierda yendo hacia una central eléctrica y una caldera (proporcionando 35 unidades de electricidad y 50 unidades de calor). Como se puede apreciar en (Ilustración 1), para generar las mismas 35 unidades de electricidad y 50 unidades de calor, una planta cogeneradora sólo necesita 100 unidades de energía primaria, resultando por tanto en un ahorro de 80 unidades de energía primaria (un 44%).

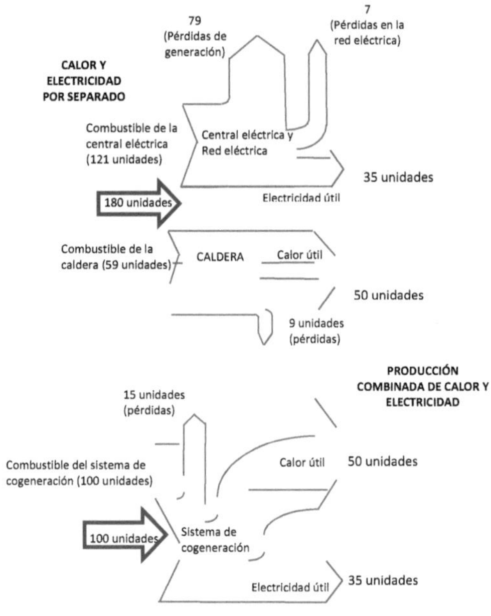

Ilustración 1. Ahorro de energía primaria debido a la utilización de la cogeneración (ENERGY SOLUTIONS CENTER, INC., 2010)

En este ejemplo (ENERGY SOLUTIONS CENTER, INC., 2010) se supone que la eficiencia eléctrica es del 35% tanto para la planta de condensación antigua así como para la nueva planta cogeneradora cuando está operando en modo cogeneración (como se explicó anteriormente el mismo es en cierto modo poco realista). Si las dos plantas fueran del mismo tipo, la eficiencia eléctrica en modo cogeneración sería ligeramente inferior que la que se obtendría en modo condensación (LINDBOE, 2007).

Como se desprende del ejemplo, la planta cogeneradora local necesita 21 unidades menos de combustible (en concreto 100) que la típica central localizada a una distancia considerable de los centros de consumo para producir la misma electricidad útil, teniendo la primera además la gran ventaja de producir calor. Si se tiene en cuenta que para generar la misma cantidad de calor y electricidad en una central convencional que se encuentre distante de los centros de consumo son necesarias 180 unidades de combustible, el ahorro total sería del 44%. Aunque este diagrama pueda parecer un tanto confuso, muestra muy bien el hecho de que las antiguas e ineficientes plantas de condensación localizadas en áreas remotas y distantes de las ciudades podrían ser reemplazadas por las nuevas plantas de cogeneración localizadas más próximas a los consumos eléctricos y térmicos.

1.3. Consecuencias de la utilización de bombas de calor individuales con fines de calefacción

La Directiva del Parlamento Europeo y del Consejo relativa a la eficiencia energética del año 2011 estima que el ahorro total que conllevaría la producción combinada de calor y electricidad mediante la implantación de plantas cogeneradoras (en lugar de generar el calor y la electricidad de forma independiente) sería de un 29% (IPEEC, 2012), siendo por lo tanto una razón de peso para invertir en plantas cogeneradoras en lugar de hacerlo en centrales que sólo produzcan electricidad.

En principio se puede decir que, generalmente, la calefacción urbana es un método más económico de proporcionar calor a edificios de viviendas que la utilización de la red eléctrica (incluso más que si ésta se combina con bombas de calor debido a que la mayoría de las redes eléctricas europeas no han sido dimensionadas para suministrar la potencia requerida a día de hoy) (AECOM, 2010).

El Coeficiente de Rendimiento (la relación entre la electricidad entrante y el calor saliente) de las bombas de calor aerotérmicas disminuye conforme lo hace la temperatura del aire (NATURAL RESOURCES CANADA, 2013), coincidiendo esto obviamente con la máxima demanda de calor en un edificio determinado. Esto significa que el uso extendido de dichas bombas incrementará significativamente el pico de la demanda durante los períodos de frío extremo en invierno, no sólo debido a la disminución en la eficiencia conforme cae la temperatura sino también debido a que los usuarios tienden a recurrir a la calefacción directa por resistencia durante estas temperaturas extremas.

En el año 2010 la *Energy Saving Trust* publicó un estudio (DEPARTMENT OF ENERGY AND CLIMATE CHANGE, 2011) en el que se indicaba que ninguna instalación consistente en bombas de calor presentaba un coeficiente de rendimiento superior a 3.0, variando la media en una horquilla comprendida entre 2.3 y 2.5. Cuando se producen olas de frío y se llegan a temperaturas inferiores a 0º C, el coeficiente de rendimiento de las bombas de calor baja considerablemente hasta alrededor de 1:1 (NICHOLSON, 2012), siendo poco más eficiente por tanto que una resistencia eléctrica.

Por otro lado, la extensión en el uso de las bombas de calor domésticas en ciudades puede provocar un estrés eléctrico similar al que se produjo en Francia en el año 2012 (SCHAPS, 2012), lo que puede repercutir en un gasto adicional para repotenciar la red eléctrica. De este mismo parecer es la consultora energética *Redpoint Energy Ltd*, que publicó en el 2010 un informe que indicaba que un futuro energético basado únicamente en electricidad requeriría una repotenciación significativa (un factor de 5 en términos de capacidad pico) con el objeto de extender la calefacción eléctrica (REDPOINT, 2010).

En países nórdicos tales como Suecia, Dinamarca o Finlandia existen algunas instalaciones que emplean grandes bombas de calor que proporcionan calor gracias al excedente energético de los aerogeneradores o que hacen uso de la electricidad en las horas de menos consumo para almacenar elevadas cantidades de calor en grandes depósitos (a partir de los cuales el mismo puede ser transportado a los usuarios a través de redes de calefacción urbana) (HARRIS, 2011). Debido a que estos depósitos pueden retener el calor con bajas pérdidas durante períodos prolongados de tiempo, se producirá un desacoplamiento de la generación eléctrica con respecto a la demanda pico de calor (la generación podrá ser programada a voluntad independientemente de la demanda de calor real) (VANDEWALLE, 2012).

2. Idoneidad de la utilización conjunta de la cogeneración y la calefacción urbana en Europa

Podría pensarse que la utilización conjunta de la cogeneración y la calefacción urbana sólo sería rentable en los países Nórdicos debido a que tienen una climatología más fría y por lo tanto unas demandas térmicas mucho mayores, no siendo por tanto aplicable esta tecnología al resto de Europa. Sin embargo, el hecho de que las viviendas de estos países disfruten de un mejor aislamiento tiene como consecuencia que las demandas térmicas específicas sean inferiores (ilustración 2).

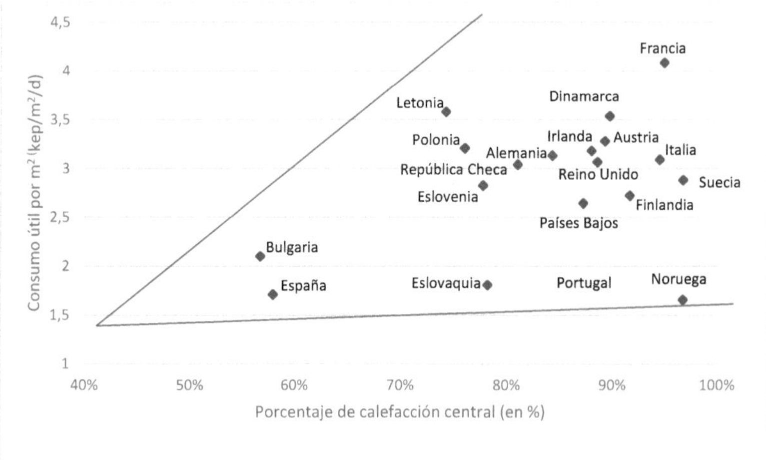

Ilustración 2. Consumo de energía útil para la calefacción en kilogramos equivalente de petróleo por m^2 y grados día de calefacción con respecto a la cuota de calefacción centralizada para algunos países miembros de la UE (ENERDATA, 2011)

2.1. Revisión de estudios que hacen referencia a la utilización de la calefacción urbana desde una perspectiva económica

Tal y como se indicó en el resumen de este capítulo, a continuación se procederá a la revisión de cinco estudios que hacen referencia a la utilización de las redes de calefacción urbana desde una perspectiva económica y que soportan la posición presentada en el mismo.

2.2. Combined heat and electrical power generation in the United Kingdom

En esta publicación (GREAT BRITAIN, 1979) llevada a cabo en nombre del Gobierno del Reino Unido en 1 979 se indicaba que la utilización conjunta de la cogeneración y la calefacción urbana ya competía desde una perspectiva económica con los combustibles empleados para hacer frente a las demandas térmicas de calefacción (los mayores costes de capital eran contrarrestados con unos costes de operación inferiores). A pesar de que el escenario energético ha variado desde el año en el que la publicación vio la luz, es probable que las conclusiones permanezcan inalteradas si se llevara a cabo dicho trabajo a día de hoy (los costes de combustible hacen que los costes de capital pierdan importancia siendo por su parte las centrales eléctricas de ciclo combinado basadas en turbinas de gas tan capaces de proporcionar su calor residual como las centrales de carbón en las que está basado el estudio). Ya en este estudio se recomendaba el desarrollo de un programa que implementara redes de calefacción asociadas a centrales de cogeneración en las centrales más importantes del Reino Unido.

Aunque esta publicación vio la luz hace más de tres décadas los resultados siguen siendo igualmente válidos debido a que por una parte las técnicas de instalación de las redes de calefacción urbana han mejorado y por lo tanto los costes han disminuido (EUROHEAT & POWER, 2011) y por otra los costes en combustible han aumentado más que los costes en capital por lo que el valor del combustible ahorrado será comparativamente hablando mayor que el de los costes de capital (INTERNATIONAL ENERGY AGENCY, 2009).

2.2.1 Analysis of the UK potential for combined heat and power

En este estudio (DEPARTMENT FOR ENVIRONMENT FOOD AND RURAL AFFAIRS, 2007) se utiliza una metodología computarizada para estimar el potencial de la utilización conjunta de la cogeneración y las redes de calefacción para varias tasas de descuento. Como se puede observar en (ilustración 3), sólo en el Reino Unido [el cual tiene una demanda pico de 60 GWe (OSBORNE, 2013)] existe un potencial de 33 GW para esta tecnología (para una tasa de descuento del 3.5%). Debido a condiciones climatológicas similares, este estudio es representativo para buena parte del norte y centro de Europa. Como se desprende de (ilustración 3), es de vital importancia la correcta elección de la tasa de descuento.

Potencial utilización conjunta cogeneración-redes de calefacción	**Unidades**	**3.5%**	**6%**	**9 %**
Potencial de la utilización conjunta de la cogeneración y las redes de calefacción urbana para Reino Unido	MWe	33 125	21 517	75
Número total de zonas (divididas a través de sus códigos postales) que serían alimentadas a través de la utilización conjunta de la cogeneración y las redes de calefacción urbana	-	6 897	4 204	46
Total electricidad producida	GWh p.a.	189 472	123 119	518
Total calor vendido	GWh p.a.	230 358	149 686	630
Ahorro de energía primaria	GWh p.a.	159	103 890	437

Ilustración 3. Potencial de la utilización conjunta de la cogeneración y la calefacción urbana en el Reino Unido para varias tasas de descuento (DEPARTMENT FOR ENVIRONMENT FOOD AND RURAL AFFAIRS, 2007)

2.2.2. An assessment of the present and future opportunities for combined heat and power with district heating (CHP-DH) in the United Kingdom

En (KELLY, 2010) se estudia de nuevo la posibilidad de la utilización conjunta de la cogeneración y las redes de calefacción urbana en el Reino Unido llegándose a conclusiones similares.

Como se desprende del mismo, se puede observar que la utilización conjunta de estas tecnologías provoca uno de los mayores ahorros posibles en cuanto a emisiones de CO_2 se refiere así como uno de los menores costes por tonelada salvada de CO_2 (KELLY, 2010). Por ejemplo, en (HM GOVERNMENT, 2009) se demuestra que mediante el empleo conjunto de la cogeneración (utilizando la biomasa) y la calefacción urbana se salvarían anualmente $19.3\,MtCO_2$; si se compara esta cifra con las bombas de calor individuales (que salvarían tan solo 2 ó $3\,MtCO_2$ al año en el caso de conectarse a las mismas viviendas) puede entenderse que la diferencia es considerable. Como conclusión se puede indicar que las redes de calefacción urbana que utilizan el calor procedente de la cogeneración ofrecen como beneficios un incremento de la eficiencia energética, una minimización de los gases contaminantes de un modo económico así como la posibilidad de utilizar recursos energéticos renovables disponibles localmente.

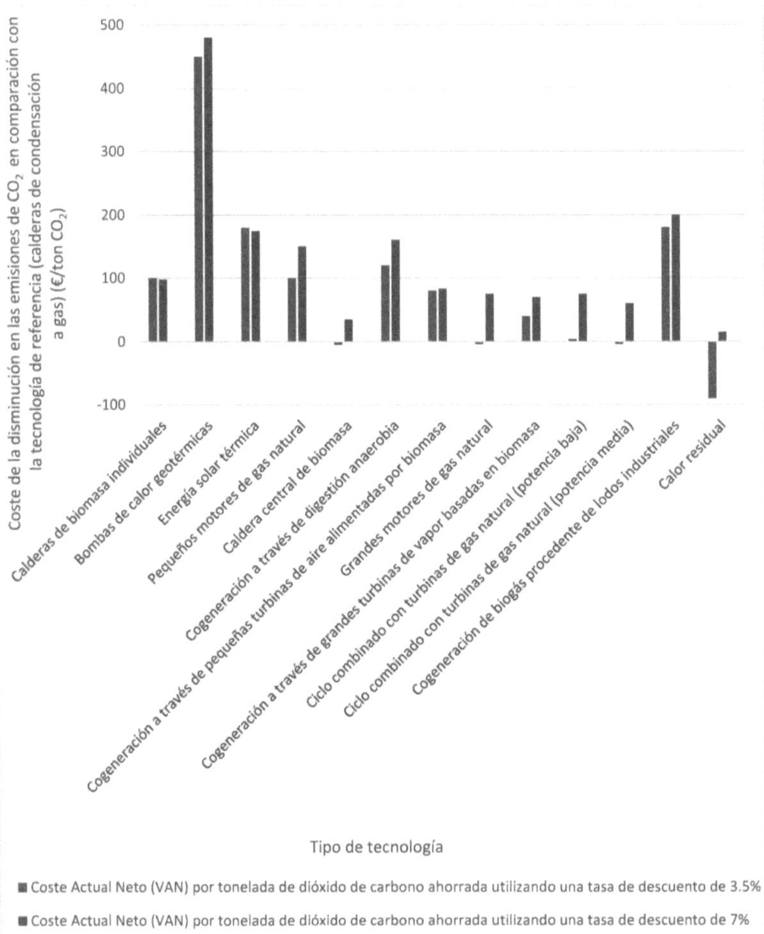

Ilustración 4. Coste de reducción del CO_2 para una vivienda típica del Reino Unido en el año 2008 (KELLY, 2010)

2.2.3. Urban community heating and cooling: the Southampton district energy scheme

En este estudio (IEADHC, 2004) se eligió una ciudad representativa del Reino Unido (Southampton) que sirviera de ejemplo para el resto del continente Europeo. Dicho informe demostró que incluso en un país con una con una red de gas natural avanzada como la de Reino Unido, era económicamente más ventajoso el empleo conjunto de la cogeneración y la calefacción urbana que la utilización de centrales eléctricas de ciclo combinado basadas en turbinas de gas y calefacción individual.

Como se desprende de (IEADHC, 2005) y para las necesidades energéticas de la ciudad genérica expuesta en dicho informe, la utilización conjunta de la cogeneración y las redes de calefacción urbana son la solución más económica para dicha ciudad en su conjunto.

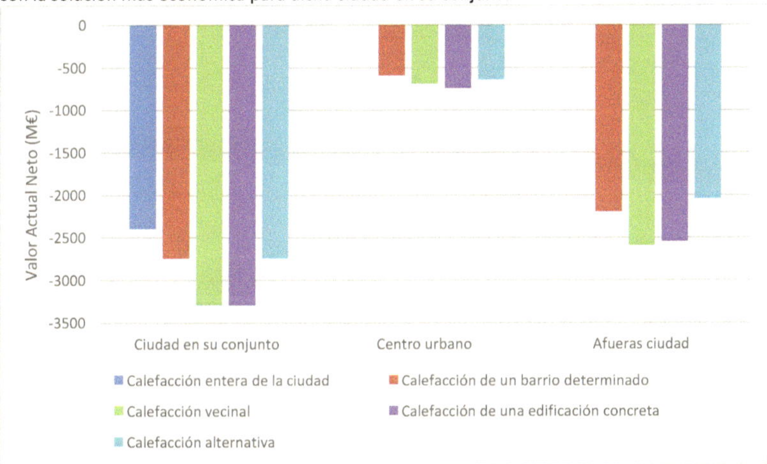

Ilustración 5. Comparación de diferentes escenarios de valores actuales netos (IEADHC, 2005)

2.2.4. Smart heat grids – the potential for district heating to contribute to electricity demand management to facilitate renewable and nuclear electricity generation

En este estudio (WOODS, 2010) se prueba que la utilización conjunta de la cogeneración y la calefacción urbana es la solución más ventajosa desde una perspectiva económica en términos del dióxido de carbono dejado de emitir a la atmósfera para un coste del ciclo de vida dado.

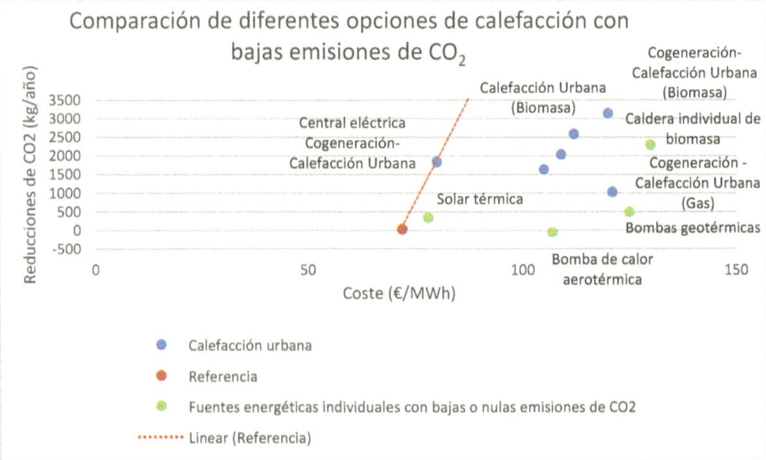

Ilustración 6. Comparación de diferentes soluciones energéticas con bajas emisiones de carbono (WOODS, 2010)

2.3. Beneficios de la utilización conjunta de la cogeneración y la calefacción urbana

Entre los beneficios que se obtienen de la utilización conjunta de la cogeneración y la calefacción urbana se pueden citar los siguientes (GUNNARSDOTTIR, 2001):

- La capacidad de suministrar calor al usuario sin tener que reemplazar completamente el sistema eléctrico de distribución.
- Reducción de las emisiones de CO_2 y otros contaminantes (cuando se combinan con energías renovables la misma es todavía más acusada).
- Incremento de la seguridad energética gracias a una reducción de la dependencia a los combustibles fósiles.
- Disminución del coste que tiene que pagar el usuario por la energía debido al bajo coste marginal del calor residual.
- Considerable incremento de la eficiencia global del sistema.
- La utilización conjunta de la cogeneración y la calefacción urbana facilita la existencia de un sistema eléctrico robusto y apoya la integración de energías renovables en la red eléctrica al mitigar la problemática de la intermitencia de las mismas.
- Aumento de la seguridad debido a que no es necesario la existencia de combustible en los edificios de viviendas.
- Mediante la utilización conjunta de la cogeneración y la calefacción urbana se reducen los requisitos de aislamiento de las ventanas, produciéndose una disminución de la inversión necesaria [en (ORCHAD, 2011) se puede apreciar que el aislamiento de altas especificaciones en ventanas es menos ventajoso desde una perspectiva económica que la utilización conjunta de la cogeneración y la calefacción urbana].

3. Pérdidas energéticas en las centrales eléctricas sitas en la Unión Europea

Cada año en las centrales eléctricas europeas se desaprovecha más calor que el que se utiliza finalmente en los edificios (ECOHEATCOOL AND EUROHEAT & POWER, 2006). Como se desprende de (ilustración 7), el calor residual emitido por las grandes centrales eléctricas europeas es aproximadamente igual a la demanda de calor anual (gran parte del cual se corresponde con las necesidades energéticas de los edificios de viviendas) así como a la demanda de gas natural. Si este calor residual fuese utilizado (previa revalorización energética) en edificios (a través de redes de calefacción urbana), se produciría una evidente disminución del gas natural demandado.

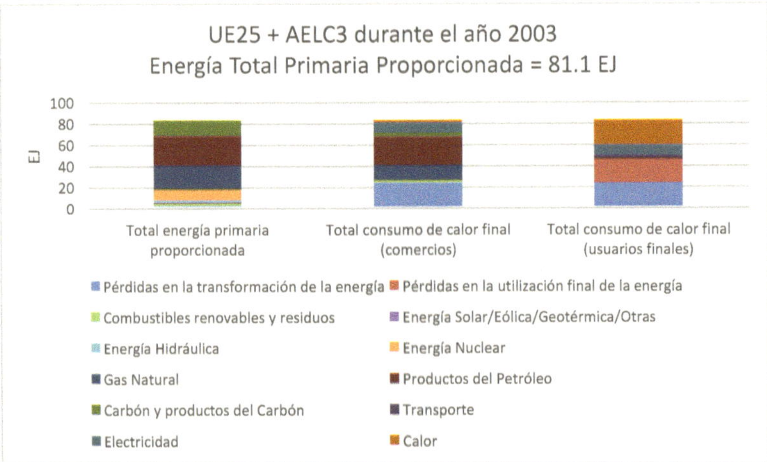

Ilustración 7. Balance energético para los países miembros de la Unión Europea y los países que pertenecen a la Asociación Europea de Libre Comercio durante el año 2003 (ECOHEATCOOL AND EUROHEAT & POWER, 2006)

El calor en la barra *Total Final Consumption* tiene en cuenta el suministro de calor a los comercios (principalmente a través de sistemas de calefacción urbana) mientras que el calor en la barra *Total End Use* considera todo el calor utilizado por los usuarios finales con la excepción del calor generado a partir de electricidad (que sigue siendo asignado al área correspondiente a la electricidad).

A partir de (ilustración 7) no es posible establecer cuánto calor puede ser utilizado. Muchas centrales eléctricas necesariamente tienen que estar localizadas distantes de las cargas térmicas de las ciudades (por ejemplo, las centrales térmicas de lignito tienden a estas localizadas cerca del lignito o las centrales térmicas de carbón cerca de un puerto del que abastecerse). Es de hacer notar que conforme el transcurso del tiempo, puede ser más beneficioso desde una perspectiva económica el ubicar nuevas centrales eléctricas cerca de las ciudades y desmantelar las antiguas cuando finalice la vida útil de las mismas, incurriendo en el gasto extra de transporte del carbón o del lignito con el objeto de poder utilizar el calor residual de las centrales (THE CONNECTICUT ACADEMY OF SCIENCE AND ENGINEERING, 2009).

En (ilustración 8) se puede apreciar otra forma de representar el balance energético (el cual indica de nuevo la importancia que tiene el calor residual de las centrales eléctricas).

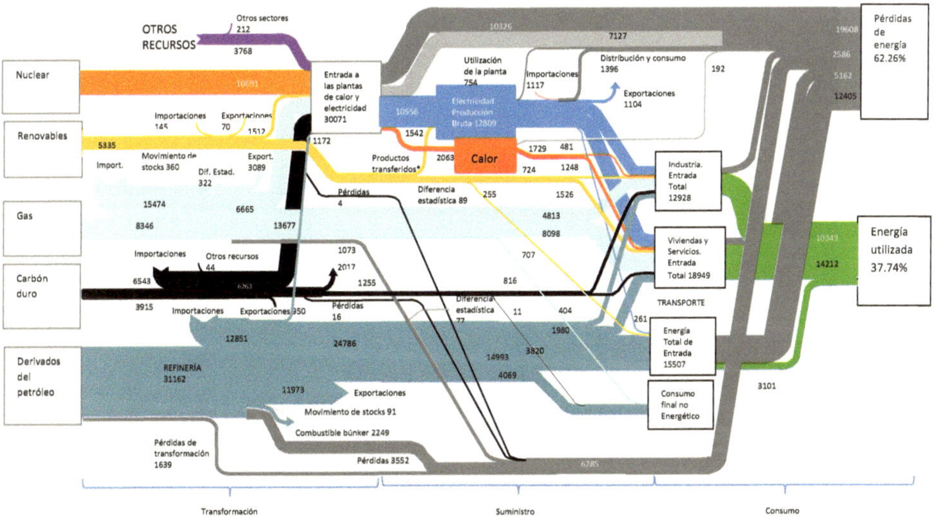

*Con "productos transferidos" se hace referencia a la electricidad generada a partir de energía hidráulica, eólica y fotovoltaica contabilizada directamente como producción bruta de electricidad. Se ha añadido también la producción bruta de electricidad proveniente de plantas de almacenamiento por bombeo.

LEYENDA
Derivados del petróleo · Carbón duro · Gas Natural · Renovables · Nuclear · Electricidad · Calor · Lignito y turba · Energía útil · Pérdidas

Ilustración 8. Balance energético europeo para el año 2006. Diagrama de flujo (SANKEY-DIAGRAMS, 2011)

Se puede entender el gran potencial del uso conjunto de la cogeneración y la calefacción urbana si se asume que alrededor de la tercera parte de la energía empleada en Europa en el sector industrial se utiliza en calefacción a baja temperatura (ilustración 9). Como se puede apreciar en (ilustración 10), alrededor del 80% de la energía utilizada en viviendas de la Unión Europea es empleada finalmente en calefacción y agua caliente, lo que significa que de acuerdo con (ilustración 8) existirían potencialmente unos 15 000 $PJ/año = 4\,100 TWh$ a ser suplidos a través del calor residual de las centrales eléctricas o de las industrias [nótese que esta cantidad de energía requerida de 15 000 $PJ/año$ es inferior al calor residual emitido por las centrales eléctricas sitas en la Unión Europea (19 608 $PJ/año$) (ilustración 8).

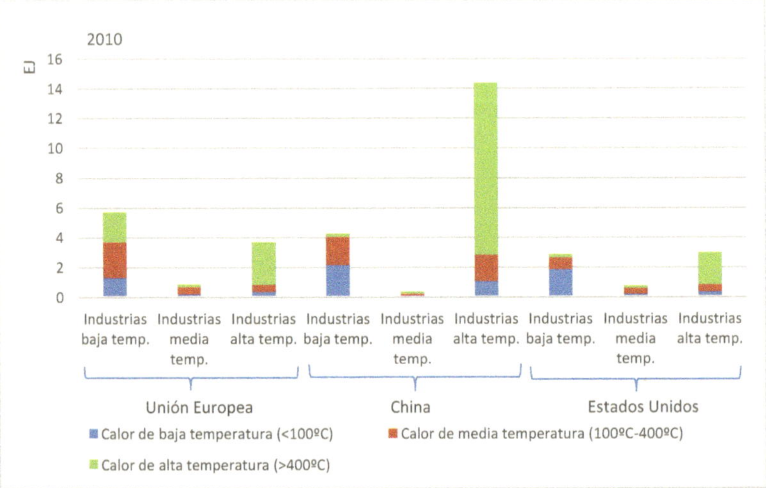

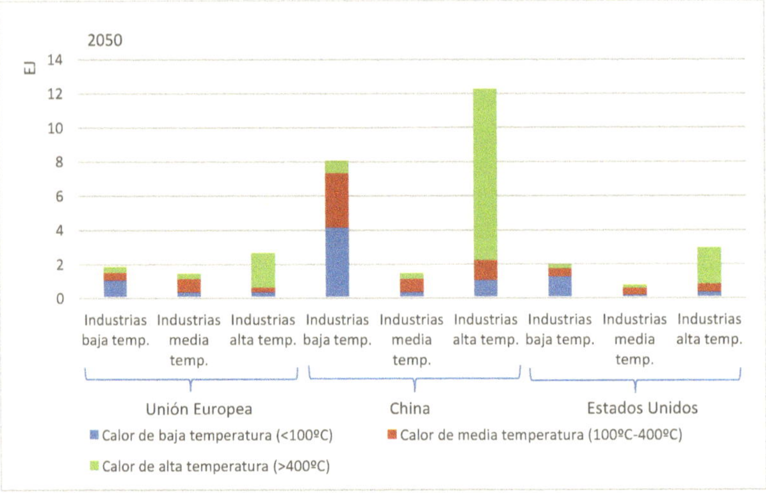

Ilustración 9. Demanda de calor en el sector industrial para la Unión Europea, China y Estados Unidos (INTERNATIONAL ENERGY AGENCY, 2012)

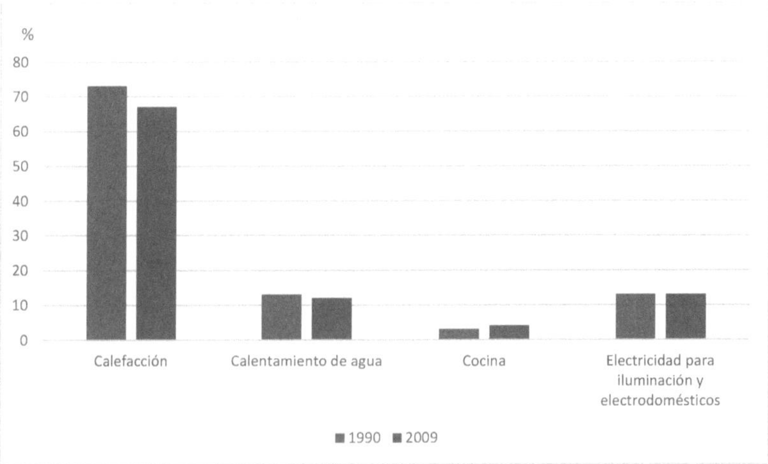

Ilustración 10. Consumo energético en viviendas sitas en la Unión Europea por utilización final de la misma (EUROPEAN ENVIRONMENT AGENCY, 2012)

Sin embargo, debido a la falta de casamiento energético a lo largo del año así como a que el calor residual está a una temperatura muy baja como para ser utilizado (la cogeneración puede llevar a cabo la revalorización energética de estos focos de baja temperatura de una forma económica), no toda la energía necesaria puede ser proporcionada a partir del calor residual de las centrales eléctricas o de las industrias.

4. Expectativas la utilización conjunta de la cogeneración y la calefacción urbana en Europa

4.1. Eficiencia energética y calefacción urbana

En (MØLLER, 2008) se da una visión general de cómo la calefacción urbana es fundamental para conseguir un ahorro energético apropiado no sólo en Dinamarca sino en Europa en su conjunto. Se percibe a la calefacción urbana como una herramienta para integrar el calor residual de las centrales eléctricas, el calor residual procedente de procesos industriales así como el excedente de energía eólica a través de calderas de electrodos y bombas de calor.

La información básica a tener en cuenta es la siguiente:

- Las plantas de cogeneración pueden proporcionar energía de apoyo instantánea así como seguimiento de carga para la energía eólica (la cual es inherentemente fluctuante) (ORCHAD, 2013).
- Los grandes depósitos inherentes a la calefacción urbana permiten la utilización de la energía eólica sobrante a través de bombas de calor o a través de un calentamiento por resistencia eléctrica (MARTIN, 2013).
- Este calor puede transportarse a los usuarios de una forma económica utilizando tuberías para la calefacción urbana (LJUBENKO, 2011).
- Un aislamiento avanzado reducirá automáticamente la temperatura de retorno (lo cual representa un ahorro energético importante ya que una demanda de baja temperatura mejorará la eficiencia de la calefacción urbana) (KLONK, 2012).
- No se espera que (incluso con un aislamiento rentable) las cargas térmicas de los edificios disminuyan significativamente (WAN, 2011).

Un marcado desarrollo de las centrales de cogeneración y de la calefacción urbana es de vital importancia para reducir el consumo global de energía (lo que repercutirá en las emisiones de CO_2) en Europa. Esto le ha posibilitado a Dinamarca (junto con un incremento en los requisitos energéticos de los edificios) el no haber visto incrementado su consumo de energía en los últimos 30 años a pesar de haber experimentado un incremento del 70% del PIB durante este período (TRABERG, 2008).

4.2. Variabilidad de las cargas térmicas

Es poco probable que las cargas térmicas de los edificios vayan a disminuir de tal manera que la utilización conjunta de la cogeneración y la calefacción urbana vayan a ser inviables (WAN, 2011). Por otro lado, normalmente las reducciones de las pérdidas de calor en los edificios no son tan elevadas como cabría esperar en un primer instante (los usuarios al observar la mejora de la eficiencia de un servicio energético que produce una reducción del coste efectivo del servicio tienden a consumir más, lo cual se conoce como *efecto rebote*) (SORRELL, 2007). En (SORRELL, 2007) se indica que el efecto rebote aunque difícil de cuantificar (pero real) podría suponer una disminución en las reducciones de las cargas térmicas de un 10-30 %.

La visión de la no (o al menos modesta) variación de la demanda de calor es sustentada en las previsiones llevadas a cabo por cada uno de los países miembros. Como ejemplo se cita el de Irlanda (tabla 2), donde puede observarse que para el período 2008 – 2 020 se espera que el consumo de energía térmica crezca solamente un 0.3% (WALKER, 2010), muy en línea con el resto de los países de Europa.

		Demanda Final Total (kilotoneladas de petróleo equivalente)			**Crecimiento (%)**	**Tasa de crecimiento medio anual (%)**			**Cuotas sectoriales y globales de energía procedente de energías renovables (%)**		
Aplicación		**2008**	**2012**	**2 020**	**08-20**	**08-20**	**08-12**	**12-20**	**2008**	**2010**	**2 020**
	Industrial	139	148	150		0.6	1.5	0.2	2.5	2.8	2.6
	Residencial	44	43	41		-0.5	-0.5	-0.5	0.8	0.8	0.7
	Servicios	15	14	14		-0.5	-1.0	-.02	0.3	0.3	0.2
Total Energías Renovables		**198**	**205**	**205**	**3.7**	**0.3**	**0.9**	**0.0**			
Consumo Total		5 502	5 209	5 718	4.0	0.3	-1.3	1.2			
Calefacción a través de energías renovables									**3.6**	**3.9**	**3.6**

Tabla 2. Consumo de energía térmica en Irlanda por sector 2008 – 2 020 (WALKER, 2010)

Por otro lado, es de remarcar que la utilización conjunta de la cogeneración junto con la calefacción urbana puede utilizarse ventajosamente incluso en edificios de baja energía (ANDERSEN, 2007).

4.3. Tipo de edificaciones apropiadas para el empleo del calor resultante de la utilización conjunta de la cogeneración y la calefacción urbana

La calefacción urbana está especialmente indicada en edificios de viviendas ya que estas edificaciones tienen unas mayores tasas de ocupación que los edificios comerciales (ENERGY SAVING TRUST, 2008). En general los edificios de viviendas están ocupados permanentemente mientras que la tasa de ocupación de las oficinas y tiendas es mucho menor. Por otro lado, los edificios de viviendas consumen grandes cantidades de agua caliente a lo largo de todo el año (ENERGY MONITORING COMPANY, 2008), haciendo estas características distintivas que esta opción sea mucho más atractiva para la utilización del calor en redes de calefacción urbana (en comparación con la mayoría de los edificios comerciales). Los hoteles y los complejos de apartamentos debido a sus similitudes con los edificios de viviendas son igualmente atractivos para esta tecnología.

Para una ciudad dada, su corazón comercial es generalmente mucho más pequeño que las zonas dedicadas a edificios de viviendas. Aunque existen casos en los que los corazones financieros y comerciales de grandes ciudades son calefactados a través de redes de calefacción urbana (EUROHEAT & POWER, 2006), las zonas comerciales son menos rentables para la calefacción urbana que las zonas residenciales que las rodean (DEPARTMENT OF ENERGY AND CLIMATE CHANGE, 2009). Sin las áreas circundantes (las cuales son las que poseen el volumen principal de cargas térmicas) en principio las zonas comerciales por sí solas no justificarían la calefacción urbana debido a los pobres factores de carga (sólo 12 horas al día de calefacción, calor residual emitido por electrodomésticos, no necesidad de calefacción durante los fines de semana así como una baja demanda de agua caliente) (BURO HAPPOLD, 2013). Como contrapartida, la densidad de calor es muy elevada y la existencia de una red de calefacción urbana posibilitaría evitar la obligación de tener una caldera y un fuste de chimenea (muy especialmente en estas zonas donde el espacio escasea el no disponer de un local específicamente destinado a la calefacción del edificio así como evitar su contaminación asociada es de vital impotancia) (BURO HAPPOLD, 2013).

Con el objeto de hacer frente a las cargas térmicas de enfriamiento, las zonas comerciales de las grandes ciudades pueden ser refrigeradas (a pesar de la relativamente baja ocupación en cuanto a número de horas se refiere) a través de la refrigeración urbana (HELSINGIN ENERGIA, 2012). Esto es posible debido a que para este tipo de edificaciones sigue siendo necesario hacer frente a las cargas de enfriamiento (aunque varíen) y a que nuevamente la utilización de la refrigeración urbana posibilita la utilización de los tejados y sótanos para otros menesteres.

Por lo tanto se puede observar que la calefacción urbana y la refrigeración urbana no son simétricas en aplicabilidad (la calefacción urbana generalmente está orientada hacia las zonas en las que hay edificios de viviendas dentro de una ciudad mientras que por su parte la refrigeración urbana tiende a estar orientada solamente a la zona centro de las ciudades). Hasta la fecha no han proliferado mucho las redes de refrigeración urbana aplicadas a los centros de las ciudades pero a medio plazo podría modificarse esta situación (sobre todo en climas cálidos). El llamado Distrito 22@ de Barcelona tiene una de las mayores redes de calefacción y refrigeración de Europa (ambas redes son distribuidas en paralelo a todos los edificios) (AYUNTAMIENTO DE BARCELONA, 2010). La refrigeración urbana está basada en una diferencia de temperaturas mucho menores que la calefacción urbana por lo que el frío no puede transmitirse económicamente para una distancia tan elevada como el calor (BOYSEN, 2003).

Aunque en la actualidad el mercado de la refrigeración urbana representa alrededor del 2% de todo el mercado de la refrigeración, se espera que para el año 2 020 el mismo pueda alcanzar un 25% (DHC+ TECHNOLOGY PLATFORM, 2012). Tal y como se indica en (DHC+ TECHNOLOGY PLATFORM, 2012) entre las ciudades que ya han conseguido o están en vías de alcanzar un 50% de refrigeración urbana se pueden citar París, Helsinki, Estocolmo, Ámsterdam, Viena, Barcelona y Copenhague.

Por último habría que remarcar que desde una perspectiva energética, las edificaciones eficientes y la calefacción urbana no tienen por qué ser incompatibles ya que se crearían sinergias que resultarían en una mejora del sistema energético en su conjunto (FRÖLING, 2010).

4.4. Previsiones de crecimiento y cifras sobre la utilización conjunta de la cogeneración y la calefacción urbana en Europa

Tal y como se indica en (AALBORG UNIVERSITET, 2013), en los próximos años las tasas de crecimiento de la utilización conjunta de la cogeneración y la calefacción urbana podría ser considerable. Para que las redes de calefacción consigan una penetración superior al 90% en una gran ciudad (DHC+ TECHNOLOGY PLATFORM, 2012) pueden transcurrir varias décadas (en concreto para el caso de Copenhague tuvieron que pasar más de 40 años), dependiendo grandemente del compromiso de las autoridades (THORNTON, 2009).

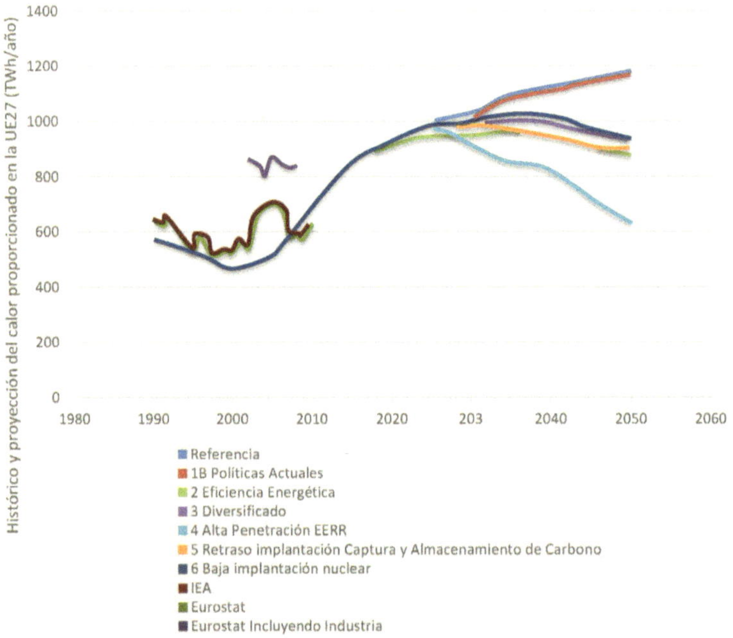

Ilustración 11. Diferentes escenarios del calor suministrado por las redes de calefacción y las plantas de cogeneración industriales de la Unión Europea hasta el año 2 050 (AALBORG UNIVERSITET, 2013)

En (ilustración 12) se representa la evolución de los precios de la calefacción urbana para diferentes países europeos desde el año 2004 al 2008, mientras que (ilustración 13) hace lo propio con la tasa de crecimiento de la refrigeración urbana para 6 países seleccionados. Por su parte, en (ilustración 14) se puede apreciar el porcentaje de usuarios que tienen acceso a calefacción urbana para diferentes países pertenecientes a la OECD, siendo de un 12.4% en el año 2011 para los países miembros de la Unión Europea. Por último, en (ilustración 15) se presenta la contribución de la cogeneración en la producción eléctrica en diferentes países pertenecientes a la OECD.

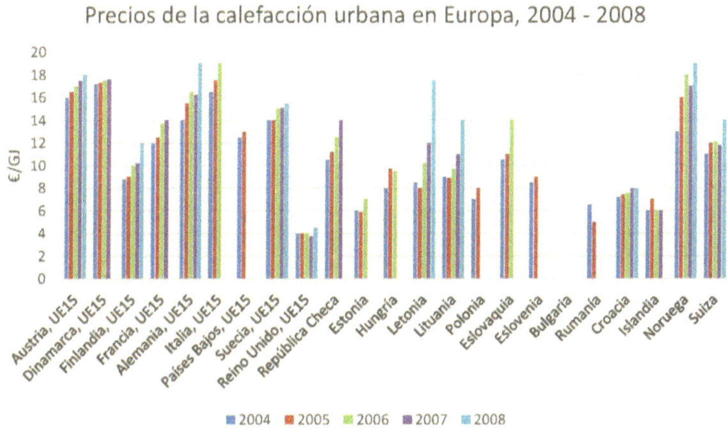

Ilustración 12. Niveles de precio del calor proporcionado por la calefacción urbana en Europa para el período 2004-2008 (WERNER, 2011)

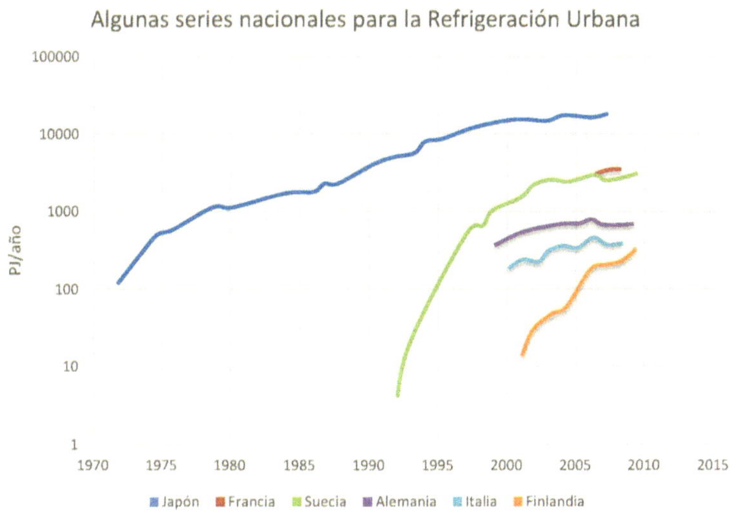

Ilustración 13. Crecimiento de las ventas del frío proporcionado por las redes de refrigeración urbana (WERNER, 2011)

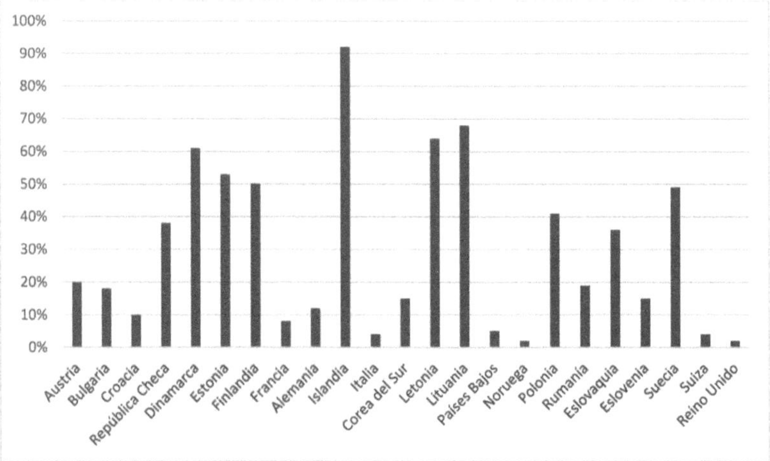

Ilustración 14. Porcentaje de ciudadanos que tienen acceso a la calefacción urbana para diferentes países de la OECD (año 2011) (LAUERSEN, 2013)

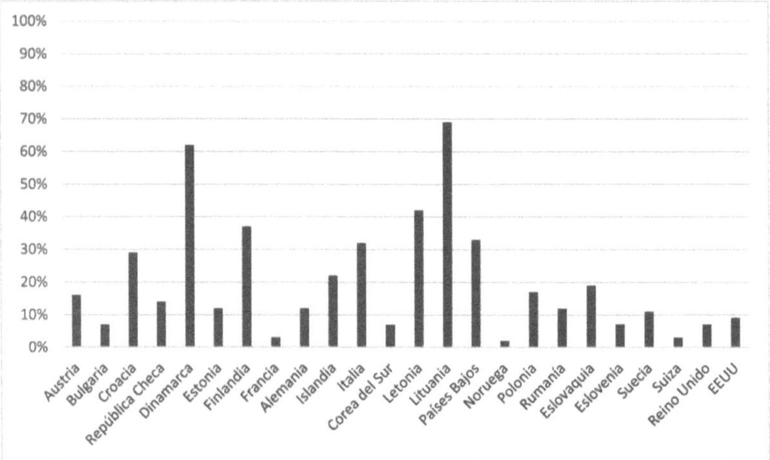

Ilustración 15. Contribución de la cogeneración en la producción eléctrica para diferentes países de la OECD (año 2011) (LAUERSEN, 2013)

5. Papel de la utilización conjunta de la cogeneración y la calefacción urbana en ciudades inteligentes

La iniciativa de la Comisión Europea *Smart Cities and Communities* ya expresó en el *European Strategic Energy Technology Plan* (SET-Plan) su interés por posicionar a un número de ciudades comprometidas a la vanguardia en el combatimiento y la minimización de las emisiones de CO_2 (CLIMATE AND ENERGY FUND, 2013). Para las industrias cuyas actividades estén relacionadas con la utilización de recursos renovables en sistemas de climatización (calefacción y/o refrigeración) esta iniciativa representa una oportunidad única para desarrollar soluciones a gran escala (EUROPEAN TECHNOLOGY PLATFORM ON RENEWABLE HEATING AND COOLING, 2013).

Las redes de calefacción y refrigeración se harán más inteligentes conforme se haga más inteligente la red eléctrica (GADD, 2012). Debido a que la mitad de la energía consumida en la Unión Europea corresponde a la refrigeración y a la calefacción, la calefacción y la refrigeración inteligentes también son un objetivo futuro (GADD, 2012). Consecuentemente, las redes eléctricas inteligentes, el calor, el frío y el gas operarán como un sistema integrado donde la energía sobrante sea utilizada (DHC+, 2012), siendo especialmente importante que la calefacción y la refrigeración incluyan grandes almacenamientos de calor y que las redes de gas cuenten igualmente con depósitos (JØRGENSEN, 2013) de tal manera que la red eléctrica reaccione rápidamente a las señales de precio y se pueda estabilizar la red eléctrica cuando existan fuentes energéticas fluctuantes de origen renovable.

Las tuberías y la capacidad de utilizar grandes depósitos para almacenar agua caliente (como en las redes de calefacción urbana danesas) son de lejos el mayor almacenamiento disponible para equilibrar la producción eólica y el consumo (MARTIN, 2013). En Dinamarca las redes de calefacción son la columna vertebral del sistema energético, consiguiéndose con las mismas la suficiente flexibilidad para integrar energías renovables (especialmente eólica) en la red eléctrica de una forma segura (KRISTENSEN, 2010). Uno de los objetivos de la Unión Europea en materia energética es precisamente conseguir que esas ciudades inteligentes adopten la estratégica energética danesa (DYRELUND, 2011), (DESIRE-PROJECT, 2007).

Se espera que para el año 2 020 el desarrollo de las redes de calefacción y refrigeración en Europa supongan una reducción de la energía primaria consumida de entre un 2.6% y un 5.5%, una mejora de la eficiencia y seguridad del suministro, un incremento de la integración de energías renovables así como una significativa reducción del CO_2 emitido a la atmósfera (ECOHEAT4EU, 2011). Debido a que la eficiencia energética, la seguridad de suministro, la integración de las energías renovables en la red eléctrica, las reducciones de las emisiones de CO_2, la flexibilidad y la gestión de la demanda son las principales características de las redes inteligentes, las redes de calefacción y de refrigeración urbana desempeñarán sin duda alguna un papel activo en el desarrollo de las mismas (RIDDLE, 2013).

Las energías renovables por un lado podrán generar electricidad cuando los precios en el mercado eléctrico sean elevados y por otro lado aunque continúen produciendo electricidad durante la noche (donde la demanda es baja), el calor almacenado podrá cubrir el pico de consumo que se produce durante la mañana. En general un sistema de alimentación inteligente combinará recursos locales y operará de una manera flexible interactuando con diferentes fuentes de acuerdo con disponibilidad y costes.

En lo que respecta a las cargas de calefacción/refrigeración, las redes de calefacción y refrigeración inteligentes contribuirán al alisamiento de las puntas de demanda de frío y calor, reduciendo por lo tanto la producción pico (SCHMIDT, 2013) así como los costes de bombeo, por lo que habrá la posibilidad de reducir la temperatura del fluido (RIDDLE, 2012). Tal y como se apunta en (EUROPEAN TECHNOLOGY PLATFORM ON RENEWABLE HEATING AND COOLING, 2011) se espera que las máquinas de absorción mejorarán con el objeto de utilizar más eficientemente el calor residual y que la demanda de calefacción y refrigeración sean gestionadas de una forma inteligente, dándose una interacción entre edificaciones, subestaciones y redes (tanto eléctricas como de calefacción).

5.1. La ciudad inteligente de Copenhague

La región de Copenhague es un buen ejemplo de una ciudad que durante los últimos 30-40 años (DYRELUND ET AL, 2011) ha implementado la mayoría de las características demandadas por parte de la Unión Europea en materia de energía y ciudades inteligentes. Probablemente es la región del mundo que más exitosamente ha integrado electricidad, calefacción urbana, gas natural y gestión de residuos. Como ejemplos se pueden citar los siguientes:

- En el 2010 el 98% de la población de Copenhague disponía de conexión a calefacción urbana en las zonas en las que existe este servicio (ELSMAN, 2009).
- Las autoridades locales han sido responsables de elaborar planes de calefacción en toda el área urbana y han dividido las zonas por tecnologías óptimas desde una perspectiva económica, discriminando las mismas entre las que deberían extender las redes de calefacción existentes, aquellas que deberían desarrollar nuevos sistemas de calefacción urbana y aquellas que deberían desarrollar una infraestructura nueva de gas natural, de acuerdo con criterios para el análisis económico establecidos a nivel nacional por la Autoridad Energética (ELLERIIS, 2011).
- La central eléctrica de Avedøre fue la primera gran central en ser emplazada cerca de las cargas térmicas (DYRELUND, 2011) (la misma fue aprobada por el Ministerio de Energía de acuerdo a la Ley de Suministro de Energía) (MINISTRY OF ENVIRONMENT AND ENERGY, 1 997). El Ministerio sólo estaba dispuesto a aprobar la construcción de una nueva central eléctrica si ésta era una planta cogeneradora localizada cerca del consumo (como consecuencia dos nuevas unidades, Amager 3 en 1 989 y Avedøre 1 en 1 991 fueron aprobadas en paralelo con una red de transporte del calor) (ELSMAN, 2009).
- Los municipios han creado compañías con una participación municipal (CTR y VEKS) para desarrollar el principal sistema de transporte mientras que las compañías pertenecientes (enteramente) al municipio han sido las encargadas en distribuir la calefacción urbana.
- Por su parte, la compañía de gestión de residuos (Vestforbrænding) ha desarrollado su propio sistema de transporte interconectado con el sistema principal (el mercado de la calefacción está conformado por CTR, VEKS y Copenhagen Energy) (DYRELUND, 2012),

encargándose (aparte del reciclado) de tratar los residuos generados por 20 municipios (DYRELUND, ET AL, 2012) hasta un nivel óptimo para introducirlos en grandes plantas cogeneradoras de incineración, con el objeto de que todo el material que no pueda reciclarse sea aprovechado en forma de energía (DYRELUND, 2013).

En el 2012 los datos del sistema integrado de calefacción urbana fueron los siguientes:

- Un 97% de la demanda de calor se suple a través de la cogeneración por sólo un 3% a través de calderas (RIDDLE, 2013).
- Un 35% de la energía procedente de la cogeneración tiene origen renovable (NEW YORK CITY GLOBAL PARTNERS, 2011).
- Un 25% de la energía procedente de la cogeneración tiene su origen en residuos (RIDDLE, 2013).
- Sistema de transporte de 160 km (DYRELUND, 2012), 25 bares (DEPARTMENT OF ENERGY & CLIMATE CHANGE, 2014) y una temperatura de hasta 110 ºC (FUTURE OF LONDON 2011 LTD, 2012).
- Superficie calefactada de alrededor de 60 millones de metros cuadrados (DYRELUND, 2013).

El mercado de la calefacción está aumentando grandemente en los últimos años gracias a la expansión del sistema de transporte. Esto tiene como objeto interconectar un mayor número de sistemas locales mediante el reemplazo de grandes calderas de gas y pequeños motores de gas por un sistema de calefacción urbana integrado y mediante la sustitución del vapor por agua caliente en el centro de la ciudad (SASU-BOAKYE, 2010). Por otra parte, varios proyectos para integrar una mayor cantidad de energía eólica y almacenamiento serán desarrollados en el futuro.

No existe una autoridad o empresa de servicios públicos única responsable del sistema. Por el contrario, la operación y el desarrollo está basado en la cooperación y en la regulación de acuerdo con la Ley de Suministro de Energía con el objeto de que todas las inversiones sean efectivas desde un punto de vista económico para la sociedad (ELSMAN, 2009), siendo por lo tanto los 20 municipios afectados y las cooperativas de electricidad y gas las responsables de este desarrollo (DYRELUND, ET AL, 2012). En las zonas centro de los municipios de la región se están implantando sistemas de refrigeración urbana (ELSMAN, 2009), mientras que las cooperativas de gas y electricidad están planeando pasar de combustibles fósiles a pellets de madera en las grandes centrales de cogeneración e invertir en nuevas plantas de cogeneración que sean capaces de utilizar la biomasa así como la instalación de grandes parques eólicos cerca de la costa o en el mar, los cuales son en la actualidad el método más efectivo de generar calor y electricidad a partir de energías renovables (EUROPEAN GREEN CAPITAL, 2012). En el área metropolitana, el sistema integrado de calefacción urbana así como los sistemas de refrigeración urbana pueden proporcionar energía renovable para la calefacción y la refrigeración no sólo para las viviendas ya existentes sino también en los nuevos barrios de la ciudad de un modo más efectivo desde un punto de vista económico que las instalaciones a nivel de vivienda (NEW YORK CITY GLOBAL PARTNERS, 2011).

La ciudad de Copenhague, propietaria de la mayor compañía de distribución (Copenhagen Energy) (LENEL SYSTEMS INTERNATIONAL, 2013), ha propuesto soluciones sostenibles para la ciudad (considerándola como una ciudad inteligente), no sólo para la calefacción, refrigeración o residuos sino también para el tráfico y el medio ambiente (CITY OF COPENHAGEN, 2012).

Con objeto de tener una idea visual de cómo es el sistema de generación y transporte de la calefacción urbana de la ciudad de Copenhague, en (ilustración 16) se muestra un mapa que representa el sistema de generación y transporte operado por VEKS, CTR y Vestforbraendings.

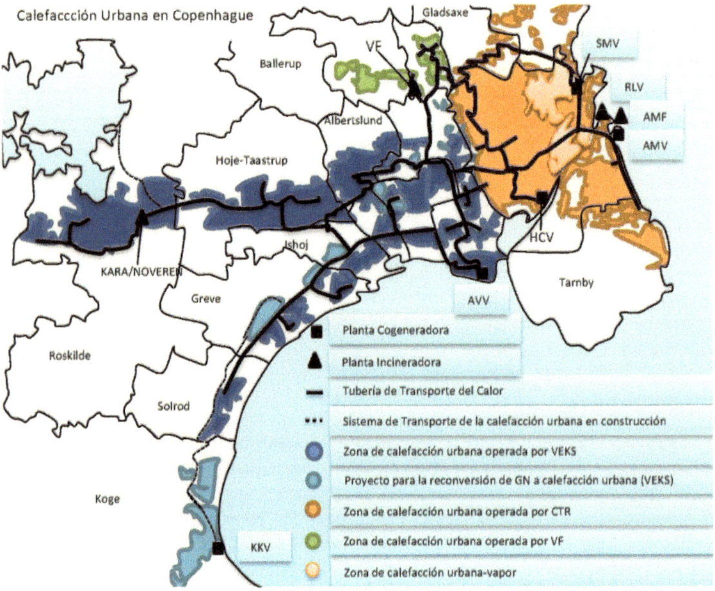

Ilustración 16. Mapa de VEKS que muestra el sistema de transporte (sólo los sistemas de calefacción urbana locales en el área de VEKS) (VEKS, 2013)

6. Conclusiones

En principio se puede decir que, generalmente, la calefacción urbana es un método más rentable de proporcionar calor a edificios de viviendas que la utilización de la red eléctrica (incluso más que si ésta se combina con bombas de calor debido a que la mayoría de las redes eléctricas europeas no han sido dimensionadas para suministrar la potencia requerida a día de hoy) y que la extensión en el uso de las bombas de calor domésticas en ciudades podría provocar un estrés eléctrico similar al que se produjo en Francia en el año 2012, lo que repercutiría en un gasto adicional para repotenciar la red eléctrica.

El hecho de que las viviendas de los países nórdicos disfruten de un mejor aislamiento que los del resto de Europa tiene como consecuencia que las demandas térmicas específicas de los mismos sean inferiores. Cada año en las centrales eléctricas europeas se desaprovecha más calor que el que se utiliza finalmente en los edificios, siendo el calor residual emitido por las grandes centrales eléctricas europeas aproximadamente igual a la demanda de calor anual y a la demanda de gas natural. Si este calor residual fuese utilizado (previa revalorización energética) en edificios (a través de redes de calefacción urbana), se produciría una evidente disminución del gas natural demandado.

La calefacción urbana está especialmente indicada en edificios de viviendas ya que estas edificaciones tienen unas mayores tasas de ocupación que los edificios comerciales. Aunque existen casos en los que los corazones financieros y comerciales de grandes ciudades son calefactados a través de redes de calefacción urbana, las zonas comerciales son menos económicas para la calefacción urbana que las zonas residenciales que las rodean. Sin las áreas circundantes (las cuales son las que poseen el volumen principal de cargas térmicas) en principio las zonas comerciales por sí solas no justificarían la calefacción urbana debido a los pobres factores de carga.

Por su parte, en cuanto a la refrigeración urbana se refiere, la misma está basada en una diferencia de temperaturas mucho menores que la calefacción urbana por lo que el frío no puede transmitirse económicamente para una distancia tan elevada como el calor.

Desde una perspectiva energética, las edificaciones eficientes y la calefacción urbana no tienen por qué ser incompatibles ya que se crearían sinergias que resultarían en una mejora del sistema energético en su conjunto.

Se espera que para el año 2 020 el desarrollo de las redes de calefacción y refrigeración en Europa supongan una reducción de la energía primaria consumida de entre un 2.6% y un 5.5%, una mejora de la eficiencia y seguridad del suministro, un incremento de la integración de energías renovables así como una significativa reducción del CO_2 emitido a la atmósfera. Debido a que la eficiencia energética, la seguridad de suministro, la integración de las energías renovables en la red eléctrica, las reducciones de las emisiones de CO_2, la flexibilidad y la gestión de la demanda son las principales características de las redes inteligentes, las redes de calefacción y de refrigeración urbana desempeñarán sin duda alguna un papel activo en el desarrollo de las mismas.

Si se atiende a la Directiva del Parlamento Europeo y del Consejo relativa a la eficiencia energética del año 2011 [en la que se estimó que el ahorro total que conllevaría la producción combinada de calor y electricidad mediante la implantación de plantas cogeneradoras (en lugar de generar el calor y la electricidad de forma independiente) sería de un 29%], y a lo expuesto anteriormente, se concluye que a falta de un estudio más en profundidad, la calefacción urbana de baja temperatura es en principio una tecnología atractiva para Europa ya que ofrece entre otros beneficios un incremento de la eficiencia energética, una minimización de los gases contaminantes de un modo económico así como la posibilidad de utilizar recursos energéticos renovables disponibles localmente.

REFERENCIAS

AALBORG UNIVERSITET, 2013: *Heat Roadmap Europe 2 050*. Aalborg: Aalborg Universitet, 2013. 237 p. ISBN 978-87-91404-48-1

AECOM, 2010: *Hertfordshire Renewable and Low Carbon Energy Technical Study*. St Albans: AECOM Ltd, 2010.
http://www.dacorum.gov.uk/docs/default-source/planning-development/spatial_planning-10.07.21-lowzerocarbonstudy_july2010-chapter4.pdf?sfvrsn=0
[Consulta: lunes, 6 de enero de 2014].

ANDERSEN, A., 2007: *Analysis of Socio - Economic Costs of Heat Supply for Low Energy Houses in Denmark*. Aalborg: Aalborg University, 2007. 62 p.
http://www.brandweiner.eu/publications/7.th.-Semester.pdf
[Consulta: martes, 14 de enero de 2014].

AYUNTAMIENTO DE BARCELONA, 2010: *La Comissió Europea Premia l'impuls a l'energia Sostenible de la Xarxa de Calor i Fred al 22@ de Barcelona*. Barcelona: Ayuntamiento de Barcelona, 2010. 2 p.
http://w110.bcn.cat/MediAmbient/Continguts/Vectors_Ambientals/Energia_i_qualitat_ambiental/Documents/Fitxers/15112010npreconeixementuelxarxescalorfredbcn.314.pdf
[Consulta: miércoles, 15 de enero de 2014].

BASEL ET AL, 2009: *Thermoelectric Power Generation Using Waste-Heat Energy as an Alternative Green Technology*. Ontario: Bentham Science Publishers Ltd. Recent Patents on Electrical Engineering, 2009, 2, 27-39.

BOYSEN, H., 2003: *Hydraulic Balance in a District Cooling System*. Nordborg: Danfoss District Energy, 2003. 9 p.
http://heating.danfoss.com/PCMPDF/VFCCP202_Hydraulic_balance_district_cooling.pdf
[Consulta: jueves, 16 de enero de 2014].

BURO HAPPOLD, 2013: *London´s Zero Carbon Energy Resource. Summary Report*. Londres: Mayor of London, 2013. 26 p.
https://www.london.gov.uk/sites/default/files/031250%20GLA%20Secondary%20Heat%20-%20Summary%20Report.pdf
[Consulta: miércoles, 15 de enero de 2014].

CITY OF COPENHAGEN, 2012: Copenhagen: Solutions For Sustainable Cities. Copenhague: Ayuntamiento de Copenhague, 2012. 56 p.
https://subsite.kk.dk/sitecore/content/Subsites/CityOfCopenhagen/SubsiteFrontpage/~/media/9E5C396089DA478D906A77C16C52F3AF.ashx
[Consulta: martes, 21 de enero de 2014].

CLIMATE AND ENERGY FUND, 2013: ***Smart Cities and Initiative***. Viena: Climate and Energy Fund, 2013.
http://www.smartcities.at/europe/eu-initiatives/set-plan-en-us/
[Consulta: viernes, 17 de enero de 2014]. 82 p.

CORTES GENERALES, 2006: ***Diario de Sesiones del Congreso de los Diputados, 8 de marzo de 2006. Núm. 507.*** Madrid: Congreso de los Diputados, 2006.

DEPARTMENT FOR ENVIRONMENT FOOD AND RURAL AFFAIRS, 2007. ***Analysis of the UK Potential for Combined Heat and Power***. 1ª ed. Londres: Queen's Printer and Controller of HMSO, 2007. 60 p.
http://www.chpa.co.uk/medialibrary/2011/05/18/b8bcc393/DEFRA%20CHP%20potential%20study%20 2007.pdf
[Consulta: sábado, 11 de enero de 2014].

DEPARTMENT OF ENERGY AND CLIMATE CHANGE, 2011: ***Call for Evidence: Energy Efficiency***. Londres: Energy Efficiency Deployment Office, 2011.
https://www.gov.uk/government/uploads/system/uploads/attachment_data/file/42899/4286-call-for-evidence-energy-efficiency-deplyment-off.pdf
[Consulta: martes, 7 de enero de 2014].

DEPARTMENT OF ENERGY & CLIMATE CHANGE, 2014: ***District Heating - International Experience Copenhagen District Heating System in Denmark, Europe***. Londres: Department of Energy & Climate Change, 2014.
http://chp.decc.gov.uk/cms/district-heating-international-experience
[Consulta: lunes, 20 de enero de 2014].

DEPARTMENT OF ENERGY AND CLIMATE CHANGE, 2009: ***The Potential and Costs of District Heating Networks***. Oxford: Pöyry Energy Consulting. 152 p.
http://www.poyrycapital.com/assets/files/downloads/Technical%20Analysis%20&%20Costing%20of%20DH%20networks%200904.pdf
[Consulta: miércoles, 15 de enero de 2014].

DESIRE-PROJECT, 2007. ***Guidelines To Promote CHP Concepts With Heat Accumulators and The Perspective of CHP Plants and Other Technologies that Use Thermal Energy Storage and Their Implementation in the European Union***. Aalborg: Aalborg University, 2007. 26 p.
http://www.f07.fh-koeln.de/imperia/md/content/fakultaet07/iet/laboratorien/regenerativeenergien/unterlagen/d2_4_final.pdf
[Consulta: sábado, 18 de enero de 2014].

DHC+, 2012: ***District Heating & Cooling. Strategic Research Agenda***. Bruselas: Euroheat & Power, 2012. 40 p.
http://www.dhcplus.eu/wp-content/uploads/2012/05/120529_DHC+SRA_final.pdf
[Consulta: viernes, 17 de enero de 2014].

DHC+ TECHNOLOGY PLATFORM, 2012: *District Heating & Cooling. A Vision Towards 2 020 - 2 030 - 2 050*. Bruselas: Euroheat & Power, 2012. 36 p.
http://www.dhcplus.eu/wp-content/uploads/2012/05/120529_Vision_DHC_final.pdf
[Consulta: jueves, 16 de enero de 2014].

DINCER ET AL, 2010: *Global Warming, Engineering Solutions*. 1a ed. Nueva York: Springer, 2010. 685 p. ISBN 978-1-4419-1017-2.

DYRELUND, A. ET AL, 2011: *European Energy Efficiency Legislation Adopts 35 Years of Danish Experience*. Copenhague: Ramboll, 2011.
http://blog.ramboll.com/urbanenergysolutions/sustainability/european-energy-efficiency-legislation-adopts-35-years-of-danish-experience.html
[Consulta: sábado, 18 de enero de 2014].

DYRELUND, A., 2012. *Integrated District Heating in Copenhagen. One of the Largest City-Wide District Heating Systems in the World*. Copenhague: Ramboll, 2012. 2 p.
http://www.stateofgreen.com/CMSPages/GetAzureFile.aspx?path=~%5Ccache%5Cstateofgreen%5C25%5C25e259f4-3714-4472-99fb-98828571c09f.pdf&hash=806e69f4f00f667c5efbd415b460c46c907ce1fda65d6788551adb646f8dee1c
[Consulta: lunes, 20 de enero de 2014].

DYRELUND, A., 2013. *Smart City Energy Infrastructure*. Copenhague: DTU International Energy Conference, 2013. 24 p.
http://www.natlab.dtu.dk/english/~/media/Andre_Universitetsenheder/Nationallab_for_Baeredygtig_Energi/NatLabDocs/Anders_Dyrelund.ashx
[Consulta: lunes, 20 de enero de 2014].

DYRELUND, A., 2011: *Smart Energy Cities. Seminar in DG17 28.09.2011*. Copenhagen: 2011.
http://www.stateofgreen.com/CMSPages/GetAzureFile.aspx?path=~%5Ccache%5Cstateofgreen%5Ca1%5Ca1a0772f-5a09-4271-9a10-8d09cad76d98.pdf&hash=2591da29ef210fe6a338f83f86f071723a0e790eaddf00f32776e8d110ad15ab .
[Consulta: martes, 17 de diciembre de 2013].

DYRELUND, A. ET AL, 2012: *DH/CHP in EU Smart Energy Cities*. Breslavia: Ramboll, 2012. 13 p.
http://www.lsta.lt/files/seminarai/2012-03-14_Vroclavas/3_Smart%20Energy%20Cities%20140312%20ADWIK.pdf
[Consulta: lunes, 20 de enero de 2014].

ECOHEAT4EU, 2011: *Efficiency – Legislative Support for Maximizing the Use of District Heating and Cooling with Better Legislation*. Bruselas: EU Sustainable Energy Week. 2 p.
http://www.eusew.eu/upload/events/595_836_2011.04.12_eusewecoheat4euworkshopagenda_final.pdf
[Consulta: sábado, 18 de enero de 2014].

ECOHEATCOOL AND EUROHEAT & POWER, 2006: *The European Heat Market. Final Report.* Bruselas: Euroheat & Power, 2006. 73 p.
http://www.euroheat.org/files/filer/ecoheatcool/documents/Ecoheatcool_WP1_Web.pdf
[Consulta: sábado, 11 de enero de 2014].

ELLERIIS, J., 2011. *Heat Planning in the Greater Copenhagen Area. Copenhagen*: Heat Plan Copenhagen, 2011. 26 p.
http://www.districtenergy.org/assets/pdfs/2011Annual_Conf/Proceedings/A14ELLERIISJan-Elleriis-A1-Heat-Plan-Copenhagen-v2.pdf
[Consulta: domingo, 19 de enero de 2014].

ELSAKET, G., 2007: *Simulating the Integrated Solar Combined Cycle for Power Plants Application in Libya.* Cranfield: Cranfield University, 2007. 116 p.
http://data.tour-solaire.fr/thesis/2007_Elsaket_SIMULATING-THE-INTEGRATED-SOLAR-COMBINED-CYCLE-FOR-POWER-PLANTS-APPLICATION-IN-LIBYA_116p.pdf.
[Consulta: lunes, 16 de diciembre de 2013].

ELSMAN, P., 2009: *Global District Energy Climate Awards – Copenhagen DH – Application 2009.* Kolding: Danish District Heating Association, 2009. 43 p.
http://www.copenhagenenergysummit.org/applications/Copenhagen,%20Denmark-District%20Energy%20Climate%20Award.pdf
[Consulta: domingo, 19 de enero de 2014].

ENERDATA, 2011: *Quantitative Evaluation of Explanatory Factors of the Lower Energy Efficiency Performance of France for Space Heating Compared to European Benchmarks.* Angers: Agence de l'Environnement et de la Maîtrise de l'Energie, 2011. 36 p.
http://www.odyssee-indicators.org/publications/PDF/English-final-report-french-dwelling-efficiency.pdf
[Consulta: jueves, 9 de enero de 2014].

ENERGY MONITORING COMPANY, 2008. *Measurement of Domestic Hot Water Consumption in Dwellings.* Londres: Energy Saving Trust, 2008. 62 p.
https://www.gov.uk/government/uploads/system/uploads/attachment_data/file/48188/3147-measure-domestic-hot-water-consump.pdf
[Consulta: miércoles, 15 de enero de 2014].

ENERGY SAVING TRUST, 2008. *The Applicability of District Heating for New Dwellings.* Londres: Energy Saving Trust, 2008. 35 p.
http://www.energysavingtrust.org.uk/content/download/2645/62142/version/1/file/The+applicability+of+district+heating+for+new+dwellings+CE299.pdf
[Consulta: miércoles, 15 de enero de 2014].

ENERGY SOLUTIONS CENTER, INC., 2010. *Gas-Fired Air Conditioning Equipment for Residential, Commercial & Industrial Applications.*
http://www.gasairconditioning.org/chp_how_it_works.htm

[Consulta: lunes, 16 de diciembre de 2013].

EUROHEAT & POWER, 2006: ***Cooling More With Less.*** Bruselas: Euroheat & Power. 32 p.
http://www.euroheat.org/Admin/Public/DWSDownload.aspx?File=/Files/Filer/documents/positionpapers/District_Cooling/EHPCoolingMoreWithLessS.pdf
[Consulta: miércoles, 15 de enero de 2014].

EUROHEAT & POWER, 2011: ***District Heating in Buildings.*** Bruselas: Euroheat & Power, 2011. 28 p.
http://www.euroheat.org/Files/Filer/documents/Publications/District%20Heating%20in%20buildings_final.pdf .
[Consulta: lunes, 16 de diciembre de 2013].

EUROPEAN ENVIRONMENT AGENCY, 2012. ***Energy Efficiency and Energy Consumption in the Household Sector (ENER 022).***
http://www.eea.europa.eu/data-and-maps/indicators/energy-efficiency-and-energy-consumption-5/assessment#data_specifications
[Consulta: domingo, 12 de enero de 2014].

EUROPEAN GREEN CAPITAL, 2012: ***Copenhagen's Energy Performance***. Luxemburgo: Comisión Europea, 2012.
http://ec.europa.eu/environment/europeangreencapital/wp-content/uploads/2012/07/Section-12-Energy-performance_Copenhagen.pdf
[Consulta: lunes, 20 de enero de 2014].

EUROPEAN TECHNOLOGY PLATFORM ON RENEWABLE HEATING AND COOLING, 2011. ***2020 – 2030 – 2050 Common Vision for the Renewable Heating & Cooling sector in Europe***. Luxemburgo: Unión Europea, 2011. 48 p. ISBN 978-92-79-19056-8

EUROPEAN TECHNOLOGY PLATFORM ON RENEWABLE HEATING AND COOLING, 2013: ***Strategic Research and Innovation Agenda for Renewable Heating & Cooling***. Luxemburgo: Unión Europea, 2013. 112 p. ISBN 978-92-79-30657-0.

FAHLEN ET AL, 2010: ***Accounting for external costs in a study of a Swedish district-heating system – An assessment of environmental policies***. Goteborg: Energy Policy 28 (2010) 4 909-4 920.

FRÖLING, M., 2010: ***District Heating as Part of the Energy System: An Environmental Perspective on Passive Houses and Heat Replacing Electrcity Use***. Tallin: The 12th International Symposium on District Heating and Cooling, 2010, 202-205.

FUTURE OF LONDON 2011 LTD, 2012: ***Decentralised Energy: Could London Emulate Copenhagen?*** Londres: Future of London 2011 Ltd, 2012. 20 p.
http://www.ucl.ac.uk/london-2062/documents/DecentralisedEnergy
[Consulta: lunes, 20 de enero de 2014].

GADD, H., 2012: *To Measure is to Know!* Lund: Lund University, 2012. 82 p. ISSN 0282-1990.

GREAT BRITAIN, COMBINED HEAT AND POWER GROUP, 1 979. *Combined heat and electrical power generation in the United Kingdom*: Report to the Secretary of State for Energy. 1ª ed. Londres: H.M. Stationery Off., 1 979. 82 p. ISBN: 978-0-1141-0761-1.

HARRIS, M., 2011: *Thermal Energy Storage in Sweden and Denmark. Potentials for Technology Transfer.* Lund: The International Institute for Industrial Environmental Economics, Lund University, 2011. 76 p.
http://lup.lub.lu.se/luur/download?func=downloadFile&recordOId=2174449&fileOId=2174452
[Consulta: miércoles, 8 de enero de 2014].

HELSINGIN ENERGIA, 2012. *District Cooling. A Cooling Solution for Climate Challenges.* Helen: Helsingin Energia, 2012. 12 p.
http://www.nuernberg.de/imperia/md/umweltreferat/dokumente/sipil___district_cooling.pdf
[Consulta: miércoles, 15 de enero de 2014].

HM GOVERNMENT, 2009: *Heat and Energy Saving Strategy.* Londres: Department for Energy and Climate Change, 2009. 140 p. ISBN: 978-0-1085-0815-8.

ICF INTERNATIONAL, 2 008: *Technology Characterization: Steam Turbines.* Washington DC: Environmental Protection Agency, 2008. 21 p.
http://www.epa.gov/chp/documents/catalog_chptech_steam_turbines.pdf.
[Consulta: lunes, 16 de diciembre de 2013].

INTERNATIONAL ELECTROTECHNICAL COMMISION, 2012. *Learner and Cleaner Heating and Cooling.* Ginebra: International Electrotechnical Commision, 2012.
http://www.iec.ch/etech/2012/etech_0712/tech-1.htm
[Consulta: viernes, 17 de enero de 2014].

INTERNATIONAL ENERGY AGENCY, 2009. *Cogeneration and District Energy.* París: International Energy Agency. 59 p.
https://www.iea.org/publications/freepublications/publication/CHPbrochure09.pdf
[Consulta: jueves, 9 de enero de 2014].

INTERNATIONAL ENERGY AGENCY, 2012. *Energy Technology Perspectives 2012. Pathways to a Clean Energy System.* París: Organisation for Economic and Co-operation and Development. 700 p. ISBN 9789264174887.

INTERNATIONAL ENERGY AGENCY DISTRICT HEATING AND COOLING PROGRAMME, 2004. *Urban Community Heating and Cooling: the Southampton District Energy Scheme.* Frankfurt am Main: IEA District Heating and Cooling Programme, 2004. 19 p.
http://iea-dhc.org/index.php?eID=tx_nawsecuredl&u=0&g=0&t=1389440548&hash=b38dbe9a13c19de89ace68a46678b408118bc284&file=fileadmin/documents/DHC_CHP_Case_Studies/KN1640_Southampton_v2.pdf
[Consulta: viernes, 10 de enero de 2014]

INTERNATIONAL ENERGY AGENCY. DISTRICT HEATING AND COOLING PROJECT ANNEX VII, 2005. *A Comparison of Distributed CHP/DH with Large-Scale CHP/DH. Report 8DHC-05.01.* Sittard: Netherlands Agency for Energy and the Environment, 2005. 107 p.
http://www.chpa.co.uk/medialibrary/2011/05/18/edaef75c/IEA%20DE%20vs%20large%20CHP%20report.pdf
[Consulta: viernes, 10 de enero de 2014].

IPEEC, 2012: *Energy Efficiency Report. European Union.* Paris: International Partnership for Energy Efficiency Cooperation, 2012. 15 p.
http://www.ipeec.org/portals/0/docs/EE-report_EU_EEEU_201206-01.pdf
[Consulta: domingo, 05 de enero de 2014].

GUNNARSDOTTIR, M., 2001: *More DHC/CHP Gives Less Problems.* Kolding: Norvärdme, 2001. 11 p.
http://www.nordvarme.org/archive/other_reports/More_DHC-CHP-Gives_Less_Climate_Problems.pdf
[Consulta: miércoles, 8 de enero de 2014].

JONG, A., 2004: *The Evolution of Cogeneration in the Netherlands and Sweden. A Comparison between the functioning of two systems of innovation.* Utrech: Utrech University – Chalmers University, 2004. 74 p.
http://citeseerx.ist.psu.edu/viewdoc/download?doi=10.1.1.201.8322&rep=rep1&type=pdf.
[Consulta: lunes, 16 de diciembre de 2013].

JØRGENSEN, J., 2013: *R&D Storage Activities in Denmark - and EU.* FREDERICA: Energinet, 2013. 10 p.
http://backend.store-project.eu/uploads/docs/presentations-in-national-workshops/dk-energienet-r-d-in-energy-storage.pdf
[Consulta: viernes, 17 de enero de 2014].

KELLY, S., 2010: *An Assessment of the Present and Future Opportunities for Combined Heat and Power with District Heating (CHP-DH) in the United Kingdom.* Energy Policy, 38(11), 2010. Pp. 6936-6945. ISSN 0301-4215.

KLONK, J., 2012: *Definition and Evaluation of Parameters Allowing for a Sustainable District Heating Network Operation.* Aalborg: Aalborg University, 2012. 104 p.
http://projekter.aau.dk/projekter/files/72426093/08.01._Masters_Thesis_Jannis_Klonk.pdf
[Consulta: martes, 14 de enero de 2014].

KRISTENSEN, S., 2010: *The Backbone of the Modern Energy System.* Frederiksberg: Danish Board of District Heating, 2010.
http://dbdh.dk/the-backbone-of-the-modern-energy-system/
[Consulta: viernes, 17 de enero de 2014].

LAUERSEN, B., 2013. *Future Prospects on CHP/DHC.* Bruselas: Euroheat & Power. 23 p.
http://www.cleanenergyministerial.org/Portals/2/pdfs/CHP%20Workshop/Lauersen%20B_Future%20prospects%20on%20CHP-DHC,%20CEM%20CHP-DHC,%20Helsinki%2026%20Nov%202013.pdf

[Consulta: jueves, 16 de enero de 2014].

LENEL SYSTEMS INTERNATIONAL, 2013: *Copenhagen, Denmark – Case Study*. Copenhague: Lenel Systems International, 2013. 5 p.
http://cdn.lenel.com/casestudies/CS_Copenhagen.pdf
[Consulta: martes, 21 de enero de 2014].

LINDBOE ET AL, 2007: *Impact of CO2 Quota Allocation to New Entrants in the Electricity Market.* Copenhagen: Miljøministeriet Miljøstyrelsen, 2007. 71 p.
http://www.risoe.dk/rispubl/NEI/nei-dk-4893.pdf
[Consulta: miércoles, 18 de diciembre de 2013].

LJUBENKO, A., 2011: *Effects of Hot-Water-Pipeline Renovation in a District Heating System*. Liubliana: Strojniški Vestnik Journal of Mechanical Engineering 57(2011)11, 834-842.

LOWE, R., 2011: *Combined Heat and Power considered as a Virtual Steam Cycle Heat Pump*. Londres: UCL Energy Institute. Energy Policy 39 (2011) 5 528-5 534.

MARTIN, M., 2013: *The potential for Thermal Storage to Reduce the Overall Carbon Emissions from District Heating Systems*. Manchester: The Tyndall Centre, 2013. 50 p.
http://www.tyndall.ac.uk/sites/default/files/twp157.pdf
[Consulta: martes, 14 de enero de 2014].

MINISTRY OF ENVIRONMENT AND ENERGY, 1 997. *Denmark's Second National Communication on Climate Change*. Copenhague: Danish Environmental Protection Agency, 1997.
http://unfccc.int/resource/docs/natc/dennc2.pdf
[Consulta: domingo, 19 de enero de 2014].

MØLLER, J., 2008: *Low Resource District Heating*. Braedstrup: Braedstrup Fjernvarme a.m.b.a. 13 p.
http://www.braedstrup-fjernvarme.dk/files/files/Low%20Resource%20District%20Heating.pdf
[Consulta: lunes, 13 de enero de 2014].

NATURAL RESOURCES CANADA, 2013: *Air-Source Heat Pumps*. Ottawa: Government of Canada, 2013.
https://www.nrcan.gc.ca/energy/publications/efficiency/residential/heating-heat-pump/6831
[Consulta: lunes, 6 de enero de 2014].

NEW YORK CITY GLOBAL PARTNERS, 2011: *Best Practice: District Heating System*. Nueva York: New York City Global Partners, 2011. 5 p.
http://www.nyc.gov/html/unccp/gprb/downloads/pdf/Copenhagen_districtheating.pdf
[Consulta: lunes, 20 de enero de 2014].

NICHOLSON, 2012: *Domestic Solar Earth Charging. Carbon Zero Hybrid Retrofit Achieved by Balancing PV with Solar Earth Charging for Augmentation of Heat Pump*. Londres: Simposio Técnico CIBSE ASHRAE, Imperial College, 18 y 19 de abril de 2012, 14 p.

ORCHAD, W., 2013: *Decarbonising London, Energy Hubs and Boris's District Heating Manual.* Londres: Orchard Partners London Ltd. 5 p.
http://www.gmp.uk.com/mailers/roadshows2013/countdown/WorkshopFlyerMay2013v21.pdf
[Consulta: martes, 14 de enero de 2014].

ORCHAD, W., 2011: *Technology Strategy Board Retrofit for Future a Study to Minimise CO_2 Emmisions for Typical UK Housing Comparing Heat and Power District Heating with Insulation.* Londres: Orchad Partners London Ltd, 2011.
http://www.claverton-energy.com/technology-strategy-board-retrofit-for-future-a-study-to-minimise-co2-emissions-for-typical-uk-housing-comparing-combined-heat-and-power-district-heating-with-insulation-march-2011.html
[Consulta: jueves, 9 de enero de 2014].

OSBORNE, M., 2013: *Making Electricity Transmission Smarter.* Cambridge: Cambridge University Energy Network, 2013.
http://www.cuen.org.uk/img/2013CUEN_SmarterTx.pdf
[Consulta: sábado, 11 de enero de 2014].

REDPOINT, 2010: *Gas Future Scenarios Project – Final Report.* Redpoint Energy Ltd, 2010.
http://www.energynetworks.org/modx/assets/files/news/publications/ena_gas_future_scenarios_report.pdf
[Consulta: miércoles, 8 de enero de 2014].

RIDDLE, A., 2012. *District Heating Importance of Building Design Temperatures on Heat Network Design and Operation.* Copenhague: Rambøll Energy, 2012. 15 p.
http://www.londonheatmap.org.uk/Content/uploaded/documents/Dr%20Anthony%20Riddle%20-%20Ramboll.pdf
[Consulta: domingo, 19 de enero de 2014].

RIDDLE, A., 2013: *District Energy & Smart Energy Grids Experience from Denmark.* Londres: Rambøll Energy, 2013. 20 p.
http://www.gmp.uk.com/pdf/CHP-Papers-London-May-2013/RIDDLE-RAMBOLL.pdf
[Consulta: sábado, 18 de enero de 2014].

RIDDLE, A., 2013: *Planning for District Heating and Smart Energy Grids in the UK.* Londres: Rambøll Energy. 16 p.
http://www.gmp.uk.com/publications/October2013/Papers/3rdOctober2013ClavertonFINALforWebsite.pdf
[Consulta: lunes, 20 de enero de 2014].

SASU-BOAKYE, Y., 2010: *MIND - Modelling in Industry for Increased Energy Efficiency and Reduced Greenhouse Gas Emissions.* Linköping: Linköping University, 2010. 62 p.
http://www.diva-portal.org/smash/get/diva2:331727/FULLTEXT02
[Consulta: lunes, 20 de enero de 2014].

SCHAPS, 2012: *Germany Powers France in Cold Despite Nuclear U-Turn.*
http://www.reuters.com/article/2012/02/14/europe-power-supply-idUSL5E8DD87020120214?feedType=RSS&feedName=everything&virtualBrandChannel=11563
[Consulta: miércoles, 8 de enero de 2014].

SCHMIDT, R., 2013: *Key to Innovation Integrated Solution. Smart Thermal Grids.* Bruselas: Smart Cities Stakeholder Platform, 2013. 28 p.
http://eu-smartcities.eu/sites/all/files/Smart%20Thermal%20Grids%20-%20Smart%20Cities%20Stakeholder%20Platform.pdf
[Consulta: domingo, 19 de enero de 2014].

SORRELL, S., 2007: *The Rebound Effect: An Assessment of the Evidence for Economy-wide Energy Savings from Improved Energy Efficiency.* Londres: UK Energy Research Centre, 2007. 123 p. ISBN 1-903144-0-35.

THE CONNECTICUT ACADEMY OF SCIENCE AND ENGINEERING, 2009. *A Study of the Feasibility of Utilizing Waste Heat from Central Electric Power Generating Stations and Potential Applications.* Hartford: The Connecticut Academy of Science and Engineering, 2009. 123 p.
http://www.ctcase.org/reports/waste_heat.pdf
[Consulta: domingo, 12 de enero de 2014].

THORNTON, R., 2009: *Copenhagen's District Heating System – Recycling Waste Heat Reduces Carbon Emissions and Delivers Energy Security.* Westborough: International District Energy Association, 2009. 9 p.
http://freshaireva.us/wp-content/uploads/2012/04/IDEA-Copenhagen-District-Heating.pdf
[Consulta: jueves, 16 de enero de 2014].

TRABERG, R., 2008. *District Energy - the Danish Experience.* Londres: Royal Danish Embassy, 2008.
http://www.energyinst.org.uk/documents/DistrictEnergy-theDanishExperience.pdf
[Consulta: martes, 14 de enero de 2014].

UNEP, 2006: *Thermal Energy Equipment.*
www.retscreen.net/fichier.php/1000.
[Consulta: martes, 17 de diciembre de 2013].

UCHE, F., 2000: *Thermoeconomic Analysis and Simulation of a Combined Power and Desalination Plant.* Zaragoza: Universidad de Zaragoza (Tesis Doctoral), 2000.

VANDEWALLE, 2012: *The Role of Thermal Storage and Natural Gas in a Smart Energy System.* San Domenico di Fiesole: Robert Schuman Centre for Advanced Studies, 16 p. ISSN 1028-3625.

VEKS, 2013: *Annual Report 2012.* Albertslund: VEKS. 52 p.
http://dbdh.dk/download/link_og_download/download_VEKS_2012_uk_uden_underskrift.pdf
[Consulta: martes, 21 de enero de 2014].
WALKER, N., 2010: *Energy Forecasts for Ireland to 2 020.* Dublín: Sustainable Energy Ireland, 2010. 64 p.

http://www.seai.ie/Publications/Statistics_Publications/Energy_Forecasts_for_Ireland/Energy_Forecasts_for_Ireland_to_2020.pdf
[Consulta: miércoles, 15 de enero de 2014].

WAN, K., 2011: ***Future Trends of Building Heating and Cooling Loads and Energy Consumption in Different Climates***. Hong Kong: Building and Environment, 2011. 46(1), 223-234.

WERNER, S., 2011: ***What we Do Not Know Today***. Bruselas: Ecoheat4EU, 2011. 18 p.
http://www.lsta.lt/files/events/2011_EHP_Statistics/5_Sven%20W%20Barometer%20seminar%20March%2030%202011.pdf
[Consulta: jueves, 16 de enero de 2014].

WOODS, P., 2010: ***Smart Heat Grids – the Potential for District Heating to Contribute to Electricity Demand Management to Facilitate Renewable and Nuclear Electricity Generation***. Abingdon: The Solar Energy Society Conference C92, 2010. 7 p.

WWW.SANKEY-DIAGRAMS.COM, 2011: ***European Energy Flows Sankey***. www.sankey-diagrams.com, 2011.
http://www.sankey-diagrams.com/european-energy-flows-sankey/
[Consulta: domingo, 12 de enero de 2014].